给孩子的物理课

原来**物理**可以这样学

周昌寿　黄幼雄 ◎ 主编

本册主编 / 黄幼雄

·物理现象与日常生活·

中国出版集团　现代出版社

图书在版编目（CIP）数据

原来物理可以这样学 / 周昌寿，黄幼雄主编 . -- 北京 : 现代出版社，2020.5（2022.4 重印）
ISBN 978-7-5143-8539-7

Ⅰ . ①原… Ⅱ . ①周… ②黄… Ⅲ . ①物理学－少儿读物 Ⅳ . ① 04-49

中国版本图书馆 CIP 数据核字（2020）第 070498 号

原来物理可以这样学

主　　编	周昌寿　黄幼雄
责任编辑	杜丙玉
策　　划	潘一苇
特约编辑	刘　会
排　　版	姚梅桂
封面设计	天下书装
出版发行	现代出版社
地　　址	北京市安定门外安华里 504 号
邮政编码	100011
电　　话	010-64267325　64245264（传真）
网　　址	www.1980xd.com
电子邮件	xiandai@vip.sina.com
印　　刷	北京联合互通彩色印刷有限公司
开　　本	710mm×1000mm　1/16
印　　张	27.5
字　　数	420 千字
版　　次	2020 年 5 月第 1 版　2022 年 4 月第 2 次印刷
书　　号	ISBN 978-7-5143-8539-7
定　　价	99.00 元

　　《原来物理可以这样学》丛书分为《物理学》《物理学名人传》《物理现象与日常生活》3册，是专为儿童打造的物理学入门读物。

　　《物理学》和《物理学名人传》由著名教育家、翻译家周昌寿先生编撰而成，前者本是一部物理学教材，曾为无数儿童打开了通往物理学的大门；后者最初由商务印书馆出版，是"万有文库"的一本。在初版《物理学》的"编辑大意"中，周昌寿先生写道："本书所附问题……纯系儿童日常习见之事项，亦多数好学儿童所怀之疑问，无一题不重要，无一题不可由本书中之教材为之说明，并且无一题需要计算。"这样的编写理念，对于一本教材而言确是十分宝贵。作为率先将相对论、量子力学等国外重要的物理学理论介绍到国内的翻译家，周昌寿先生对国外古往今来的科学家也了解甚多，在《物理学名人传》中，他为我们介绍了古希腊至20世纪的一些重要的物理学家，并说明了编撰此书的出发点："科学名人，亦犹常人，并未拒人于千里之外。因人及物，未尝非认识科学之一捷径也。"换一句不大恰当的话说，周昌寿先生正是提倡我们"爱屋及乌"，通过了解科学家的生平，培养我们对科学知识的学习兴趣。

与《物理学》《物理学名人传》不同的是，《物理现象与日常生活》更加注重实用性，语言风格也更为活泼风趣，这两点从书中各小节的标题就能看出来，比如"怎样使水清洁""怎样保存食物""你的头上常常顶着200千克的重量""没有水会怎样""摩擦力可以不要吗"等。只要浏览一遍目录，读者就会迫不及待地翻到正文，为自己强烈的好奇心寻找归宿。

当然，时过境迁，这套书也免不了出现一些问题，如数据不够精确，所选事物已经过时，人名、地名、术语的译法老旧等。针对这些问题，我们在保持原书风貌的前提下，尽量按照今天的标准进行适当的修改或删减。即便如此，书中或许仍然存在一些讹误，或是原作本来如此，或是编者水平有限，未能察觉，如此等等，望读者明鉴，并提出宝贵的意见和建议！

目录 CONTENTS

之光和人工之光　电灯　何谓"烛光"　家庭怎样取
得热力　煤油是什么　怎样保持室内的温度　炭火之
热和煤气之热　火炉　暖房法种种　煮物不需要过分
的高热

为什么要有运输　为什么车能载重　摩擦力可以不要
吗　为什么车运动时我们的身体常会前俯后仰　船和
飞机为何能够航行　水与运输　蒸气机关的作用怎样
蒸气管的作用怎样　什么叫内燃机关　氢气球怎样上
升　飞机怎样能够上升

机械对于人类有什么帮助　什么叫作做功　工作需要
能量　我们干活为什么觉得费力　机械是怎样组成的
从杠杆和斜面转变而来的简单机械　复合机械　自
然力的利用——风车和水车　何谓马力　什么叫作能
能是从哪里来的

绪言

我们的周围有种种的"自然物"，有种种的"自然力"，它们都是受着"自然法则"的支配。

人类从太古以迄今日，殚精竭虑、孜孜不倦，常在谋自然物的利用，图自然力的开发，借以改善我们的生活，保护我们的生命。到了现在，知识愈见进步、文化愈加开展，衣、食、住、行，莫不步步向上，生活的丰富华丽，多为古人梦想所不及；从这一点说，我们生在今日似乎是很幸福的。

但是我们却不能以此自满，我们需要认识宇宙的伟大，世界的神秘；在这里面还包含很多为我们所尚未能解答的谜。能够解答自然的谜，便是所谓发明和发现，自然界尚有许许多多的事物正待我们去发明、发现它。

考察自然用不着务高而求远；便是我们日常的近身事物，就有思考的价值；你能够知道除了衣、食、住、行之外，还有一件什么东西是人生所不可须臾缺少的吗？你能够明了衣服能使人温暖是什么理由吗？你知道火

药是会爆炸的，但知道水也会炸毁一座房子吗？诸如此类的问题，不知道可以提出几千几万个，你能够一一解答吗？

人类自称万物之灵，其所以能为万物之灵，实在全仰仗其有思考力和推理力，因思考推理而能解答自然之谜，因解答而唤起无限的兴趣，因兴趣而后对于事物才能做更进一步的研究，于是才有发明发现。所以人类对于自然物和自然现象是不能不加以深切的注意的。唯有注意极深的人，自然才肯给他一个秘钥，才能从自然的宝库中获得可珍的成果。须知我们现在所享受的种种丰富生活，也都是我们的祖先费尽了几许心血所思考、推理、研究得来的。

什么是科学？这个问题很难回答，通俗地说，科学就是有组织的常识，而物理学只是科学中的一个小门类。这里所要说的也许过于浅陋，亦未可知，但就这个简单的物理学知识，已可以解答我们日常生活中大部分的问题，并且从此也许可以窥见一些自然的伟大、宇宙的神秘，亦未可知。空气为什么动？水为什么流？衣、食有什么科学的价值？住应该怎样？须知一草一木，莫不包含自然的真理，我们生存于这个世界，纵使不想有所发明、发现，但对于这些切身的日常的事物现象，又怎能不弄明白呢？

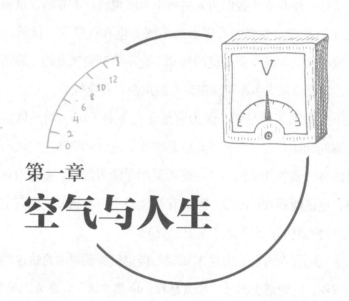

第一章
空气与人生

什么是人生必要的东西

世界上有一件并不值钱但为人生所不可须臾离开的东西，试猜一猜，这是什么呢？是衣、食吗？不懂事的小孩子也许这样说。诚然，没有衣会冻死，没有食会饿死，但是这两样却不是不可须臾离开的。聪明的读者略一思索，便会得知人生不可须臾离开的东西只有空气。

空气不是肉眼所能见的，因为它是无色无臭（xiù）的气体。诸位知道我们周围的物体分为"三态"，就是固体、液体和气体。一块石头和一杯水，是固体、液体的实例，是目能所见而手能所触的。有的气体，因为有色有臭，也还能感知；唯独空气的存在比较不容易感知。但若空气的供给断绝几分钟的时间，没有人不窒息而死的。

那么空气的存在有什么方法察知呢？当空气流动得非常快速的时候，它能毁坏家屋，它能摧折树枝，那就是我们所谓"风"。在你向风而立时，面上不是觉得有极微的压力吗？那就是空气流动的力量了。此外风车、帆船、风筝都是借空气流动之力而动的。我们常见的飞机，没有空气就不能上升而飞翔。

你如再不信的话，你可以参照图1，拿一只空杯或空瓶颠倒覆入水中，看

图 1 空气存在的实验

水能够侵入空杯中吗？如果杯、瓶是真空的，水一定会浸入杯中，然而现实生活中水仅能侵入一小部分，难道这不是杯、瓶中确有物体存在的明证吗？再若杯、瓶浸水以后，稍一倾侧，则其中原有的空气便汩汩地发音，而向上逃逸，于是水才能满入杯中。这简易的实验便可证明空气的存在。

何谓大气

空气由氮、氧二气及少许二氧化碳、稀有气体与其他物质混合而成。空气虽包围地球，但它的高度却有一定的限制，越到上层，越变稀薄，它的成分也逐渐变更，在近地面处，氮气的成分约占 78%，氧气约占 21%，到了上层，则更混有氢气，更上则为真空。所以，我们说空气包围地球还不确当，因改称为"大气"。譬如大气为水，则我们便住在大气所成的海底。

你的头上常常顶着 200 千克的重量

水有压力，越深越大，曾入水的人大都知道。我们既住在大气所成的"海底"，那么大气有没有重量呢？说来勿惊，大气是有重量的，它的压力对于每平方厘米的面积约有 1 千克重。在这一本小小的书本上，约有 350 千克的力量压在上面。我们人类的面庞约有面积 200 平方厘米，所以我们总是顶着 200 千克的重量，200 千克，大约和 3 个成人的体重相等。这就是所谓大气的压力。

但是读者也许不信，以为大气既然有这么大的压力加在书本上，为什么我们拿起书来并不觉得重呢？同时我们既负着这个重量，何以我们又并不觉得有什么不自由呢？

要回答这个问题，应该先知道：大气的压力，不是单向下方作用的，各方向都是一样；人类的体内也有和外压力一样的压力。

就用书本来说明吧！空气压于书上，但在书下也有同样的压力把书压向上方。因此我们拿书就只须能支持书本原来的重量的力量便够了。至于内压力，一般似不易领会。但试用水来模拟大气便能明白：假如我们拿一只中空的箱子沉入水底，水的压力便会使箱子四周的表面凹入，或者竟至压破，这就是外压力的作用。但若箱子内也满盛水，那么任你沉到怎样深，也不至于受损了。

再从人体来说，平常内压与外压等，不会感觉到什么，但若似气球般急切升至高处，则鼻孔会流血，耳膜会破裂，这是内压与外压失去了均衡之故。

如图 2，今试以橡皮吸盘置于石板之上，当吸盘与石板接触时，吸盘里面的空气被排出，失去了内部气压；但由于外部气压并未改变，因此压力差使石板被压在了吸盘上面。壁虎一类的动物，足有吸盘，能沿壁而行，就是这个理由。而我们以口吸空杯，杯不至于下落，也是大气压力的作用啊！

图 2　橡皮吸盘

气压的种种用途

一、气压计与天气预报

据科学家的实验，标准的大气压能支持水柱约 10 米。换句话说，以泵汲水，能汲至 10 米的高度，但不能更高。若换水为水银，则因水银重之故，仅能支持 76 厘米。如图 3，试以 1 米长的玻璃管满盛水银，倒置于水银槽之上，则管中水银便自行下降，降至 76 厘米即 760 毫米处即行停止。

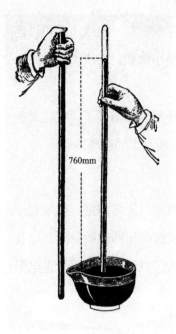

图 3　水银气压计

以此可知大气的压力能支持水银柱 76 厘米之高。同时依这个理由，用水银柱可以测量气压的变动，名"水银气压计"。

若携带气压计而登高山，则知山之高与气压有一定的关系。越达高处，气压越低，所以用气压计可以测山之高度。同理，飞行家能知道自己飞行的高度，也是用这个气压计的。

气压不但以高度而变，即使在同一地方也时时变更，这是和天气的变化有密切关系的。我们平常所见关于天气预报的记载有"高气压"和"低气压"的名称，就指气压的变动，而气压的变动可以测知天气的变动，所以气压计又称晴雨计。

二、泵与消防器

利用空气的性质可以做成很多的机械，泵是最常用的。泵是一个圆筒，以活塞动于其中。先压下活塞，然后拽上，则活塞的下部形成空处，于此低处之水，因受气压的作用即向上升，冲开下瓣而入圆筒之中。再压下活塞，则圆筒内的水又压开活塞之瓣而由口管导出筒外。其构造如图 4。

若水汲上以后，更以压力压水外出，

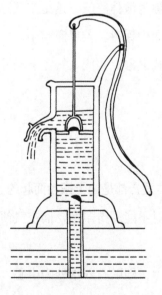

图 4　水泵的构造

则可引水至任何地方，极为便利。更若设有"空气室"，则水流又可以连续不断。这是因为空气室中的空气先受压缩而减小体积，在压力除去时，又自动扩张复原，以压水外出。

知道压力泵的原理，那么消防车用的救火器便容易明了了，完全是备有空气室的一个泵。旧式用人力拉动，新式的则用汽车的引擎发动。

三、抽气机和打气机

抽气机是把容器内的空气抽去，打气机则将空气压缩加密，都是利用活塞的动作。压缩空气的用途甚大，如给足球及脚踏车的轮胎打气，以及电车、汽车的制动机、鱼雷的发射器、潜水员的送气装置、地下传送电报的装置，都是利用了压缩空气。

空气也能变成液体和固体吗

将空气压缩以后由细孔吹出，使成液体，称为液体空气。这是空气存在最确实的证据。液体空气必须在特别设备的瓶中保存。若暴露空中，立即恢复成气体，盛之于壶而搁置冰上，即现沸腾之象。假使大气完全变成液体，则其包围地球不过 10 米高。

声音是怎样来的

鸣鼓敲锣，而以手触之，知有振动，一切的发音都是由于振动而起的。但是任何振动，如果没有传达发音的媒质，绝对不能闻得声音，而空气便是最有效的传音媒质。

空气的传声可用水来譬喻，试投小石于水中，则以石入水处为中心，水面发生波纹。同样在空气中振铃，则因铃的振动而使空气发生波浪，名为"声波"。若铃的振动为每秒 500 次，则声波之出亦为每秒 500 次，传达至我们的耳中使耳膜振动，亦为每秒 500 次。

假使没有空气，则声音便无从传递。试以钟表置于玻璃罩中，抽去罩内空气，则在钟外不能闻声。

不过除空气外，其他任何物质也都能传声。试在铁路上贴耳而听，则能听到很远的火车行驶的声音，就是一例。

为什么雷雨时先是见电光而后闻雷声

暑天多雷雨，在未闻雷声之前，我们必先见电光。远处放枪，在未闻枪声之前，必先见枪口的火花。为什么由同一处发出的声、光，总是先见光而后闻声呢？原来声音在空气中传递，每秒仅能有 340 米的速度，与声音的高低强弱都没有关系。但是光的速度远胜于声，每秒达 30 万千米，所以在同一处所发的声、光，在远处总是先见光而后闻声。

声与振动

声之发生，虽由于物体的振动，但物之振动却未必都能被闻及，我们的耳朵所能听到的声音，每秒的振动数至少需要在 20 次以上。比此少的，耳即不闻。反之振动数过多，亦不能闻，其最大限度为每秒 20000 次。过此以上，亦不复闻。

声之高低全在于振动次数的多少。多者声尖锐，少者声粗钝。人类的语言，男子每秒自 90 次至 150 次，女子每秒自 270 次至 550 次，所以女子的声音比男子更为尖锐。

空气与火

原始人敬火为神，且有拜火教的创立。我们人类的文明实开辟于火的利用。先用火煮物而熟食，继借火而取暖、照明，现在且利用于蒸汽机关、发动机等种种机械。

但火是怎样发生的呢？上面说过，空气主要是由氮气和氧气所组成的。而所谓氧气，其化合力甚强，蜡烛、木炭、纸料等之所以能燃而发火，就是由于其中所含的碳素和空气中的氧气化合的结果。如果没有氧气的供给，燃着的火就会立即熄灭。反之，氧气的供给十分丰富，则火便格外旺盛。这个道理我们可用火炉米说明。平常火炉的底脚设有空气的进口，而其上部则备出烟的烟囱。当我们点燃火炉时，必须开通下面的通风口，炉中的煤才能燃烧，燃烧后的烟往烟囱中升去，于是新鲜的空气便不绝地补进，火才继续燃烧。若关闭通风口，不让空气流通，则火势立即减小。同理，若用风箱吹入空气，则氧气的供给更为丰富，火亦更加旺盛。这是铜铁匠熔解铜铁所常用的方法。

取火的方法

我国相传燧人氏钻木取火为火的起源。西洋人最初的取火方法，亦借助木与木摩擦生热。其后稍稍进步，便有所谓火石，即用石英等硬石与铁相击，先得星星之火，然后点燃他物。再后用硫酸浇木，而与砂糖、盐酸钾之混合物共同得火，这是第三步。直到1827年才有火柴发明，发明者为美国的一个药剂师，他在木片上涂着硫黄、盐酸钾及硫化锑的粉末，然后用砂纸擦之，便得火种。其后更知白磷比硫化锑更易得火，但因其易燃，却容易引起火灾，所以后来改用红磷涂于火柴盒的外面，而将硫黄、硫化锑、盐酸钾三者涂于火柴头，这样平时不致起火。但若取一根火柴，向匣边一划，则因摩擦生热，红磷先发火，而硫黄被燃，由于其燃着之热，而木亦燃。

灭火器的作用

火由于氧气的供给而点燃，故若欲灭火，最好的方法便是断绝氧气的供给。衣服倘然着火，则只消用厚的毛布披上，火即熄灭，倘仓皇奔走，则空气流动，反而使火旺盛。

消防车以水消火，并不是水能灭火，而是水覆盖着燃烧物，不让空气再有接触机会，同时使其冷却。但若油在燃烧时，却不能用水灭火。这是因为油比水轻，用水覆油，油必上升，而火势反而旺盛了。

平常遇到火灾的时候，若火势尚不大，则可用泡沫灭火器。这种灭火器中盛有碳酸氢钠溶液及硫酸铝溶液。把灭火器一倒，硫酸铝溶液即流出，而与碳酸氢钠溶液化合，产生大量的二氧化碳，从而将灭火泡沫喷射出筒外，用以灭火。

尚有所谓干粉灭火器，其中所藏者为干燥轻盈的细微粉末，由压缩气压喷出。一旦喷射出来，其较空气为重，而又较燃烧物为轻，遂掩蔽燃烧物之上，将空气隔绝。又因其不能传电，所以用于有电气设备之处，如汽车、汽船等最合适。

我们须有怎样的空气

求身体的健康，须重卫生，卫生最重要的一端便是呼吸新鲜空气。在天气晴朗、惠风和煦之日，登高远眺，觉得十分畅快，这是为什么呢？就因为空气新鲜、温度和湿度都极适当之故。那么空气的温度要怎样才适当呢？据学者实验的结果，以18℃～22℃之间，对于学生温习功课最为相宜。测量气温的仪器便是温度计。

温度计便是将水银封入玻璃管中，上端真空。当气温上升时，下方球内的水银受热而膨胀，于是管内的水银柱上升，气温下降，则球内水银

体积缩小,管内水银柱亦随之下降,视水银柱的升降便可以察知气温的高低。

水银柱的高低,于其玻璃管旁以度数记之。凡以标准大气压下水之冰点为 0℃、沸点为 100℃ 而划分者,称为摄氏度;以 32℉ 为冰点、212℉ 为沸点而划分者,称为华氏度。所以华氏与摄氏之度数,在冰点、沸点之间,一为 180℉,一为 100℃,即 1℃ 相当于 1.8℉。今室内温度若为 20℃,则华氏正为冰点以下 36℉,其度数正为 68℉。

其次为湿度,乃表示空气干湿的程度。因为空气中含有水蒸气,含量多则觉潮湿,少则干燥。空气中的水蒸气已达最大限度,不能再多时,称为饱和。某一时空气中所含水蒸气的压力与饱和时水蒸气的压力之比,即称为湿度,湿度以 50% ~ 60% 最适于健康。冬天生炉子时,室内空气过于干燥,应该置水槽使其产生水蒸气调节。

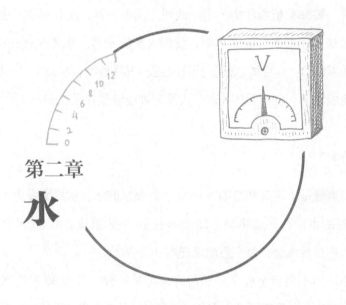

第二章

水

没有水会怎样

除空气以外，人类最必要的便是水了。大家不要以为水是到处都有而并不稀奇。要知动植物非水不生。试到沙漠中一看，没有有草木茂生，没有有禽兽居住，就因为缺乏水源。我们人类的身体，水实占有 $\frac{2}{3}$，假使没有水的供给，人体中的水能保持几时呢？况且植物赖水而生，一旦缺水，世界将变成沙漠，食物无从寻求，人又怎样能够生存呢？

水的性质

水有重量是大家都知道的。1000 立方厘米的水，重量刚好为 1 千克。10 厘米深的水，在其底每平方厘米即有 10 克的重量。故 30 米高的水管充满水，则底面压强，每平方厘米便有 3 千克了。

水的压力不但自上而下，任何方向都是一样。设用 30 米的水管，充水一半而直立，则其底面压力固为 1.5 千克每平方厘米，而其向左右四方，甚至向上的压力，也均为 1.5 千克每平方厘米。所以制造水管必须有相当的厚度，就因为侧压力是能压破水管的。

若水面高低不均，则其压力亦有大小，水面高者压力大，乃压低处的水使之上升，直到各处压力能够平衡为止，所以水面总是求平，就称水平。如图 5，用形状大小不同的容器盛水而使其底部相连，其水面总是水平。井水之所以能够涌上，喷水池之所以能够喷水，自来水管之所以能够引水，都是这个道理。

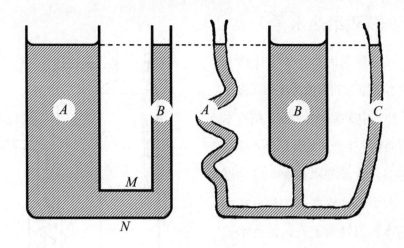

图 5　水平图

饮用水是怎样来的

古时候务农的人，概住于河道的附近，其后知掘井而取水，遂能离河流而生活，其后更知储水池的原理，并建造水道以引水，于是取用更便。储水池发明甚早，但普遍应用尚属近代的事情。现在一般的饮水方法不外以下几种：雨水、泉水、井水、喷泉、溪流、河流、湖泊。

喷泉之水，因其水源比喷水之处高，为保持其平面，即自下向上压而成喷泉。都市中的自来水，亦取自远地的水，经过滤后而储之于蓄水池中，以水管分支接通于住户。因蓄水池的水面比一般地面高，所以取用时只须将开关一拧，水即源源而出。但水管道必分主管道与支管，主管道又必粗于支管，因为不如此，则当一家开用之时，他处之压力即行减少了。

欲知用水之量，常用水表。当开用时，水即通过表中的网眼而拨动其中所设之水车，因水车回转以拨动指针，指针所指之度数即为用去之水量。

怎样供给热水

同一体积的水，热水比冷水轻。水最重时的温度为 4 摄氏度。若于热水中缓缓掺入冷水，则冷水下沉而热水上升，如此循环不绝，使容器内全部的水都有一样的温度。若于容器的底部加热，则已热的水，因轻而上升，使冷水下沉而受热，热水则又上升。利用这个情形，所以我们可以装置热水供给之法。如图 6，水桶中的水通底管在煤气灯受热，热则上升，外来的冷水则以管通于底部，故上部皆为热水，以管子接于他处，取用极为便利。

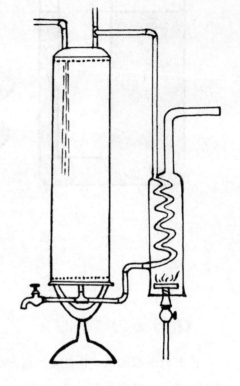

图 6　热水供给

水瓶为什么会冻破

设在密闭的瓶中盛满水，其水结冰，瓶即冻破。这个道理是因为水结冰后，其体积反而膨胀，瓶不能容，自必破裂。又正因为体积膨胀之故，所以冰的重量比水轻，故冰常浮于水之表面。水具有这个性质，极为有利。若冰比水重而下沉，则池水、河流至冬则冻，鱼类水草均将冻死，所驶之船，也许常触冰礁了。今幸水面先行结冰，冰又浮于水面，且水面结冰后，因其传热不良，反而能保持冰面下的水温，减少冰冻的危险，这是多么奇妙的事情啊！

怎样处置污水

供给饮水固然重要，而处置废水污水亦同样重要。最进步的方法，系用管导通污水，借重力的作用，而由沟渠通至远地。由此或直接用作肥料或先使污水经过微生物分解作用后再用作肥料。

怎样使水清洁

煮水使沸，则水渐成水蒸气而散失，若设法不使散失而复冷之，则复成水，名为蒸馏水，实为最纯粹的水，药房中亦有出售，但不适于饮用。因为饮用水不只要无色无臭，而且需要含有少量的矿物质和氧气。

洁水之法，普通多用过滤器。最初有一种家用的过滤器，是使不洁之水经过棕榈、细沙、粗沙、细石、粗石、木炭之后，滤掉多数有害物质而成为近于纯粹的水，饮之可以无危险。

为什么水可以净衣洗污

水是一种极有效的溶解剂，不但在人体中能溶解食物，加速消化，还能溶解很多的物质，尤其是污物的溶解，便大多靠水的作用。

洗衣能净，洗室使洁，便是水溶解了污物。有人说文明的程度，可视用水的多寡以为断，因为不多用水者则其不讲卫生。

水的溶解作用以温度而不同。大体越热越能溶解，但对于气体则反之，温度越低越容易溶解。若于水中另加适当的物质，则溶解力尚可增加。

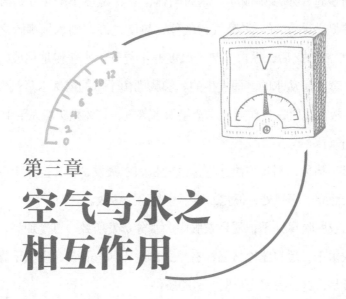

第三章

空气与水之
相互作用

水之"三态"

上面说过，水冷则成冰，冰为固体，其在温度下降至 0℃ 时开始形成；水热则成水蒸气，水蒸气为气体，热度过高，则水呈沸腾之象时为 100℃。水沸腾之后，纵再加热，温度亦不复升。水缓慢地化成气体，称为蒸发，蒸发是从水的表面发生的。沸腾则由于水的内部水蒸气作成气泡而上升，故沸腾时常自作声。水全化为水蒸气，其体积实增大至 1600 倍，为极轻的气体。

以湿手挡风，则起凉快之感，这就是因水蒸发，而自皮肤上夺热。同样着湿衣而立于通风处，很觉寒冷，也是这个缘故。

湿的衣服吹风则干，便是衣服中的水分蒸发所致。温度加高，蒸发加速。洗衣求干，暖日比冷日易，有风之日比无风之日易，空气干燥之日比潮湿之日易，这三者都是蒸发加速的条件。

水蒸气怎样混入空气之中

水蒸发而为水蒸气，即不复见，大概已混入空气之中。空气能够包含水分，犹如海绵能够吸水。海绵吸水有一定的限度，空气含水蒸气亦有一定的限度，到了限度，称为饱和。

空气所包含的水蒸气，既达饱和之时，水蒸气即不复容易蒸发，反之在干燥的空气中，则水之蒸发格外容易。

热能增加蒸发的速度，尤其是太阳高照空气温暖之时，地面上河流、大洋表面的水蒸发甚盛。

气压的高低影响蒸发的速度，低时蒸发速度快。用排气泵减少空气压力时，水的蒸发非常容易，虽冷亦起沸腾之象。空气更稀薄，则其蒸发的热，自水中吸取，水的温度下降，自行冰结。这是制糖业和石油蒸馏等常用的方法。例如欲从砂糖液取得白糖，只要把它熬成饴状之物，然后用真空釜抽去空气，减少压力，则蒸发极盛，自行结晶。

此外空气流动时蒸发容易，雨后风吹道路极易干燥，这是生活经验。

以上是说空气中水蒸发的速度。其次要说空气中的水蒸气是从哪一种地方蒸发得来的呢？

海洋是大气中水蒸气的最大来源。湖泊、河流亦有多量的水蒸气蒸发出来。土地表面亦不绝地蒸发其水分。若有风自寒地吹来，则因其含水蒸气之能力增加，一切湿物均易于蒸发。例如所谓"贸易风"（即信风）往往向最热的地方吹流之故，那些地方因之而多沙漠。

此外地面上所有的植物，亦常不绝蒸发其水分。大概植物由地中吸取水分，自根上升至枝干，同时又因其细胞的作用，将所得养分氧化成水，就在叶的气孔蒸发而混入空气中。凡植物由叶蒸发的水为量极多，一棵草每天所蒸散的水分往往比它自身的重量还多。

水蒸气的归路

我们既然知道空气包含水蒸气的能力和温度有关系。若已含有多量水蒸气的空气，一旦温度降低，那么空气早就过于饱和，不得不将多余的水蒸气从空气中迫出，而成水滴，叫作凝结。据实验所知，1立方米的空气在30℃时能含30克的水蒸气，在20℃时只含17克，10℃时只含9克。

今假设当温度 30℃ 时，1 立方米空气含有 17 克的水蒸气，那么似乎还很干燥，但若温度降至 20℃，即称为饱和状态。再降至 10℃，则每立方米的空气，便多出 8 克的水蒸气，这 8 克的水蒸气自然只有被排挤，再凝结而成水滴了。云和雨便是这样来的。水自蒸发而复凝结，称为水循环。

露是怎样来的

日间地面温和，日落骤转寒冷，但其时空气犹未冷却，只有近地表面而触及草木之叶的空气与其周围易受冷而冷却，因之这些空气易达到饱和状态而起凝结，遂成为露。

露之点滴常成球形，这是因为水有一种性质，力求其表面之缩小。而面积最小者为球形，故无论露滴、水滴，均成球形。露滴之大者，则由水滴合并而成。

露在太阳复升、地表再温以后，必再蒸发而成水蒸气。

霜是怎样来的

既能明白露的成因是由于地表温度的速降，若地表温度降至 0℃ 以下，则空气中的水蒸气不但凝结，而且冻结，这就成为霜了。

霜多附于物体的表面，而不易到达里面，因为表面最容易受冷。霜多附于枯草、烂绳，而不易附于铁石。因为铁石虽冷，犹能传导地下的热。我们只看落在地面的铅皮不易受霜，而高盖屋顶的铅皮则常蒙白霜，便是这个缘故。

雾是怎样来的

在太阳落下之后，地面渐渐失去其热，则其周围空气的水蒸气含量达到饱和，凝成极细的水滴，浮游于空中，就是雾。在河流、川谷的附近最容易有雾。又若地面已冷之处，忽有较热的空气流来，则亦成雾。普通有雾之日，必在较寒之夜、天气久晴之后。待太阳复升，雾即消散。

海中有所谓暖流与寒流。若沿暖流的空气与沿寒流的空气混合在一起，便成浓雾。故海中有寒流、暖流之处常有浓雾。

云是怎样来的

高空比地面冷。空气中所含的水蒸气一到高空，自必形成水滴，就是云。那么，为什么云有种种形态呢？

地上若热，则近地面的空气亦受热，热则体积膨胀，而重量轻，乃往上升，这时水蒸气在高处，因寒而成云，其形如吸烟时所吹出之烟。

若水蒸气沿风向一定的方向流动而遇有山脉阻碍，则即沿之而成上升气流。因亦受冷而成云，这样形成的云是很浓密的。

若发现低气压时，低气压的中心，气压既小，四周空气即向之吹来，于是在其中心形成上升气流，冷而成云，亦甚浓密，常能成雨。

空气大体在高度相同之处，亦为同温，形同层次。若空气中发生何种动摇，即成波浪，其高处生云，低处则否。因之在地面看上去便有像波形的云层。

此外当热空气与冷空气混合时亦能成云。

云之状态虽千变万化，但仔细考察，凡有一定形状的云，必现于一定的高度，而在同一情形下所形成的云，亦必同形。由其高度形态的差异，气象学上因分为高云、中云和低云三大"云族"，三大"云族"又分为十大云属，说来话长，姑且从略。

雨雪怎样降下

不是什么云都会降雨，必须有上升气流连续不绝，且有很多的水滴渐渐合并增大，空中已不复能支持其留存，才能下降而成雨。所以下雨常有某种条件，大体有风吹向山脉之时，低气压形成之时，才能降雨。

若云在高空，当其欲凝成水滴之时，而温度已在零点以下，则生成细片之冰，复加增大而下降，便成雪。雪是六角的结晶，其形不一，故有"六出飞花"之称。

怎样发风

风是空气的流动，空气之所以流动，是由于气压的差异。当一部分空气受热而膨胀，其压力减小，则附近的重空气便向此吹来，而排挤轻空气使其上升，这就是风。同时形成空气的循环。平常我们所称的风是指空气的水平运动，若上下运动的空气则为气流。

什么叫低气压

气压变化的原因有二。一是热，家里失火，烟灰均往上升，即空气向

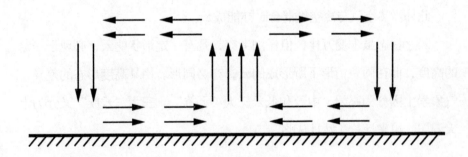

图 7　低气压区的空气流动

上流动的明证。空气受热则重量减轻而成上升气流，同时便有他处的冷空气袭来，而成为风。夏日海岸常有海风吹来，就因为陆地比水容易受热，日间地面的空气不绝上升，故海上空气不绝吹来。

二是空气的涡卷。当地面受热，各局部地方空气的压力有变化，则四周空气吹动即成涡卷。其中心虽次第移动，而涡卷仍继续不散。涡卷的中心气压常低，犹如水槽之水，用手四围搅动时，水起回转，而中心常低陷，就是压力减低之故。涡卷的生成便是气压减低的直接原因，天气变动前的低气压即空气的大涡卷。涡卷的直径通常在 400 公里至 800 公里，但其高度则不过 8 公里。

低气压并不停止于一地，常在移动。中心移动的速度往往可与汽车行驶的速度相同。低气压袭来，则其中心地方，即有不绝的上升气流，而即有大雨随之。

低气压之大者，更起暴风，常能毁家折木，形成巨灾。

什么叫高气压

高气压亦为空气的大涡卷，但情形正和低气压相反。其中心的气压，常比周围高，因之发生下降气流。空气降至地面，因被压缩，而温度上升，

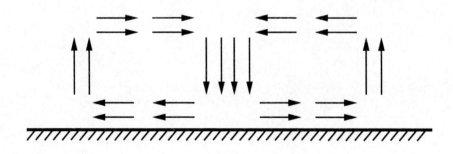

图 8　高气压区的空气流动

于是水滴消失，天气晴朗。但在夜间，因为无云翳遮蔽，地面的热向上发散，故常觉寒冷。

天气预报用什么方法

我们每天可以看到一日内的天气预报，每每实验。这是什么方法呢？原来既知风雨阴晴的成因，由于空中的水蒸气、气压的高低、天气的温度、风向的推移，那么只要在各地方设立气象观测所，详细记载各地的气象，另设中央气象台，听取各地的报告，就可以做成天气图，既可知道低气压是在什么地方、风是从何方来，第二天某地的气候，也可以预计了。所以天气预报并不是凭空的臆想，是根据事实而综合起来的。这对于农事、交通实有不少的便利，可免去不少的灾害。

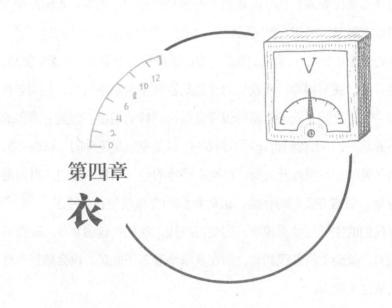

第四章

衣

人为什么要穿衣服

人为什么要穿衣服？这个问题似乎很容易回答，就是穿了衣服能使人温暖。但是衣服怎样能使人温暖呢？

人体的温度在 36℃ ~ 37℃，倘若外界的温度比这个温度高，便觉得热，比这个温度低，便觉得冷。而我们的皮肤是密切接触着空气的，包围着我们身体的空气，受到了我们体温的传导常保持同样的温度。假使包围着的空气是不流动的，那么我们也许用不到衣服。但是空气是流动的，人体一动，体外周围已温的空气便逃开人身，而换一层冷的空气来包围我们，再接触我们的身体，而攫夺我们的体温，因此我们的身体便觉得受冷了。

包围我们的空气流动得越快，转变得越快，我们便越感寒冷。试在冬季当风而立，就会觉得寒风刺骨，而在夏季坐着车子兜风，也会感到十分凉快，便是这个理由。

夏季天热的时候，我们希望凉快，希望将体温散发，但在冬季天气严寒时，却不能不想办法保护体温。最简便的就是不让已被我们身体烘热的周围的空气逃散，这就显出衣服的功用来了。

衣服需用什么材料制作

因为上述原理，所以衣服的材料都要用不传热的东西，就是所谓热的不良导体。但同属不良导体，也因质料的不同，导热略有差别。其中毛皮类最不易导热，而麻布次之。所以夏季衣物多用麻布，而冬季则宜于毛皮或毛织物。毛皮、毛织物制的衣服，其所以感到温暖，却也并不完全在于其善导热和不善导热，是因为毛皮和毛织物中间有许多空隙，能积蓄着空气不令放散的缘故。

空气本是不良导体，所以衣服只要能够含蓄较多的空气，穿着便觉温暖。新制的棉衣棉花松而厚，含蓄空气很多，穿着自然温暖。及至其破旧，既硬又薄，自然没有保护体温的功能了。冷的天气我们须加多衣服，并不单为增加衣服之厚，而是增加其中所含的空气。因为每一重衣服之间有了一层空气隔绝，则身体之热便更不容易逃散。所以，我们在冬季如多穿几件薄的衣服，实在比单穿一件同样厚的衣服来得温暖，同理，在厚的衣服外面罩上一件薄薄的罩衫，也会增加温暖。

最理想的衣服，自然以密不通风的为最好。冬季如在大衣之外再罩上一层雨衣，似乎格外温暖，这大概是许多人的经验得到的。

为什么夏衣尚白冬衣宜黑

我们都知道夏季的衣服应该淡色，而冬季则宜深色，这个很容易明白，是因为太阳光线的关系。衣服也和一般物体相同，能吸收或反射太阳中的某色光线。黑色的衣服吸收太阳光线而变热，白色则反射光线，夏季衣服不需要热，故宜用反射光线的白色，冬季则反之。

衣服为什么要常常洗涤

衣服必须清洁，一有污秽必须洗涤。这不但是外观上所必要，而且关系着卫生。原来人身中无用的废料常由汗腺中分泌出来，粘附于衬衣。另外外来的灰尘油腻，又往往污染衣服的外面。衣服受污，则发硬而刺激皮肤，

皮肤受伤，小则痒痒，大则传染疾病，而外观上尤讨人厌。所以衣服是常欲保护清洁的。

　　洗涤衣服，一般用水。因为水是能溶解大多数的污秽的。但人体所排泄的污物常含油脂，水不能溶解，故须加用肥皂或洗涤用品。肥皂的作用，在于能将油脂碎成细粒而包以肥皂之膜，再以手搓之，污物便落下了。

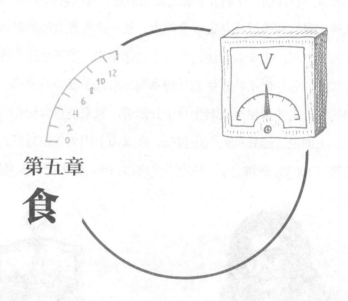

第五章

食

为什么煮物的锅子要加盖

我们煮食一种食物,在锅上面必定要加锅盖,然后食物才能煮得烂熟,这是什么原因呢?在这里我且说一个故事。第一次世界大战的时候,意大利士兵在阿尔卑斯山上安营,他们在山上烧起菜来,谁知烧的东西,任你烧得怎样长久,总是烧不熟;他们又烧水喝,水似乎很容易沸腾,却仍是半生不熟的水。这件事使得大利士兵十分困苦。原来烧煮食物和气压有密切的关系,上面说过越到高处气压越低,在高山上因为气压减低,水之沸腾不须加热至100℃。既沸之后,热度不复增加,所以食物就不容易烧熟了。

图 9 高压锅的发明者帕平

图 10 帕平发明的高压锅

同理，我们煮饭或炒菜的时候，如果不加锅盖，那么到了水沸以后，热度亦不复增加，食物不容易烂熟。若加上锅盖，那么锅内水蒸气不容易很快散去，气压为之增加，食物也就容易熟烂了。

压力锅便是利用这个原理制造的。用厚的铝板制成锅，有螺丝使盖紧合，烧时亦因水蒸气不外溢，气压增加，容易熟烂。带至高山，更为便利。

怎样保存食物

在天气冷的时候，食物似还容易保存，虽过一两天不至于腐败，但在天气热的暑天却成问题，早上的食物放不到晚上，除非买一台冰箱，用之降低温度。但是聪明的主妇却有一种方法，不用冰也能达到冷藏的效果。这是用木做成架子，周围用棉布掩盖，上下各置冷水盆，使棉布浸水，全体湿润，而置于通风处，这样架内放着的食物就不至于腐败。同样的，若将牛乳瓶围以棉布浸于冷水中，使水能吸上棉布，则牛乳亦不致变坏，这是什么原因呢？上面已说过蒸发的原理，想来大家应该可以了解了。

为什么煮物盛物的器具要用种种不同的材质

在厨房中，我们可以看见很多的器具是用各种不同的材料制成的，譬如饭锅用铁制、茶壶用铜制、饼干罐用锡制、汤锅用铝制，还有瓷碗、瓦灶，这有什么意义呢？

原来各种器具有各种用途，有的要美观，有的能耐高热，有的只求轻便，有的不应常和水接触，有的却忌酸性的东西。假如各种器具都想用一种材料制成，世间实在没有这样万能而百无禁忌的材料。

什么材料最坚固

我们知道铁是很坚固的，所以车轮、桥梁都用铁造。不错，火车的轨道是铁制的，能载荷笨重的火车而不致压坏，但是铁却常常会因着潮湿而锈蚀，空气中既常有水蒸气，水汽越多，铁就越容易生锈。大家常常看到表面生锈的铁皮，不用费力就可以把它折断，便是最坚固的铁建筑物，如果保护得不好，也会因铁生锈而倒坏。所以我们要找一件古代的铜器、金器却容易，要找一件古代的铁器就很困难。

怎样保护铁器

铁的生锈是因为受到潮湿，所以要保护铁器，第一要紧的是使其常常保持干燥而不遇湿气。但是有许多地方是不能避免潮湿的，因此只好在铁的表面涂一层油漆。而最好的方法却是镀上一层锡或锌，因为这二者是不怕水汽侵蚀的。镀上锌的铁皮，就是我们常见的白铅。同理，凡是我们日常所用的器具，要是常常遇到水的，便用锡或白铅等制作。

铝是怎样的金属

现代铝的器皿是厨房中所不可少的了，它有光泽，又美观，又不生锈，又轻便。17世纪下半叶，英国的工业学校把它作为标本供人阅览，其价值每斤需要200元以上，而且还不多见呢！

其实铝是地球上含量很多的元素之一，在黏土中以及各种矿物中亦多含有之。

铝能耐高热，不像锡的熔点低，遇高热即熔，所以制成汤锅极为合用。

此外，铝不但单独有用，若和其他的金属混合而成合金，用途尤广，例如装饰用的洋金便是铝一铜九的合金。而所谓耐久铝就是一种铝、锰、铜、镁的合金，和钢一样硬，然而比钢轻三倍。

瓷器和陶器的分别

在厨房里不是有很多的碗、钵吗？它们都是黏土烧成的。瓷器的制法自然比陶器难，它是把黏土烧得熔化了，其组织紧密得和玻璃一样，而陶器则和瓦器相像，有很多的小孔，虽然有的陶器做得也很精美，但和瓷器终究有分别。一般的瓷器是半透明的，只要拿起来对光一看就行。

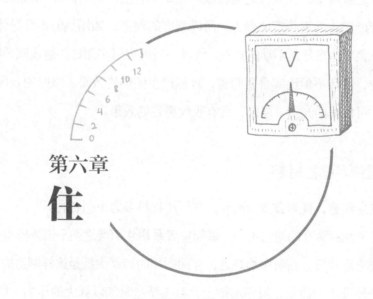

第六章

住

墙壁之功用

家屋之有墙壁，犹人身之需衣服。在冬季要能防止室内温度的散射，在夏季要能防止外来热度的侵入。所以墙壁的建造，须用热的不良导体，最好的不良导体自然是不动的空气。所以一般的家屋多用砖头造成双重壁，使其中空，用砖不但比实叠要简省，且能产生防热的效果。墙壁的表面涂以石灰，可使壁面光滑、坚固，且有吸收声音的效果。

建造家宅之材料

家屋之建造，视都会乡间而异，其所用材料多为下列各种。

一、砖瓦：砖瓦的造法不一，最简单者系用软而湿之黏土倒入模型中，使成所需之形状后，在窑中焙烧之，乡间所用的砖瓦大抵是这样制造的。

制造较进步的砖瓦，虽亦用黏土，但在塑造时加以强大的压力，所以形状端正、质地细密。其具有黄色或红色者，则由于黏土中含有酸化铁之故。

二、水泥与三合土（即混凝土）：水泥为黏土和石灰岩的混合物，将二者各研粉，而以适当比例使之混合，然后加热，便成水泥。于水泥中掺和细石、细沙，以水拌合，则干后坚固如石，称为三合土。通常于建筑时，先用木板做成所需之形状，然后使三合土注入其中，等其干燥坚硬，乃将木板拆去。所谓铁骨水泥，则是以铁柱或铁网为骨，而后以三合土凝合。

三、木材：木材能防止热和音的侵入。木材的腐烂由于微生物的作用，但微生物的存在须有空气和湿气。干燥之木，不致发霉，因为缺少湿气，若能于外面涂以油漆，则更可以防止湿气的侵入。反之使木料久浸水中，亦不致腐烂，是因为木入水中，则水侵入，而缺少空气，微生物也不能生长了。

建筑与光明

人类的健康需要充足的日光。古代的建筑大抵窗小而少，现代则反之，务求其十分光亮，取得丰富的日光。这不仅能使心境畅快，且于健康有益。

自玻璃被发明以后，建筑物的取光便改良许多。

光射于物体即起三种现象：一是吸收，二是透过，三是反射。当太阳光直射玻璃时亦然，先是吸收，吸收以后玻璃便感温暖。这是因为所吸收之光能变成热能。家屋之有光亮，乃玻璃透光之故。而斜日当窗，光芒四射者，则因玻璃反射日光之所致。

光是直进的，朝北的家屋不能有直射的日光，但仍能光亮，亦因窗外的一切能使光反射而入室。

墙壁与室内明亮的关系

光之反射，视被照射的物体形态而异。光射于壁面之时，因壁面多细小的凹凸，并不平滑，故光之反射是多方向的，名为散光，若所照射之物面平滑如静止的水面或镜面，则光线即以同一方向反射，称为反射光线。室内的光亮除了日光直射的部分以外，之所以能够明亮，就因为墙壁及其他各物所起的散光。白色的墙壁最能反射光线，色越深则越不易反射。此外凡光透过半透明的物质如纸窗或毛玻璃窗等，亦起散光。所以纸窗能使室内之光均匀而起幽静之感。

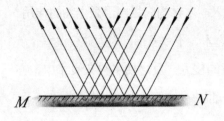 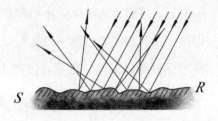

图 11　单向反射　　　　　　　　图 12　漫反射

物体的颜色光泽是怎样来的

太阳光由七种颜色组成，若用三棱镜使日光透过，便可以分析出来，将其引入暗室而映于白纸之上，便成红、橙、黄、绿、蓝、靛、紫七色的光带。这种有色之光，同时照射于各物体之上，有的物体能够将各种光全部吸收，便是黑色；有的物体全部反射，便呈白色；而有的物体只能反射其中的一种颜色，而将其他色光吸收，那就成各种颜色。譬如绿叶，就只能反射绿色的光线。

至于物体的光泽，则是因为表面光滑，有一部分的光从表面反射出来，大部分则被吸收。若反射之色为绿色，则呈现绿色的光辉。黑色亦可以有光辉，白色亦有无光泽者。

自然之光和人工之光 [1]

自然之光除星光外，大多来自太阳。人工之光则如燃灯或通电流时所发之光。虽称为人工的，但实际上仍然是由于太阳能转变而来的。

————————————

1 本小节介绍了煤油灯、煤气灯。时过境迁，这两种灯早已被淘汰，现在我们使用的照明灯多为 LED 灯。

乡间没有电灯之时，多用蜡烛和煤油灯取光。蜡烛多以脂肪类制造，点燃时常产生二氧化碳和水。其初蜡烛是固体的，点燃后因热而融化，由于毛细作用，烛芯把蜡油吸上化为水蒸气，而始燃着。如图13，蜡烛的焰常分三层，外侧无色而燃烧甚速。中间一层便是把水蒸气分解而使碳游离的，碳在被燃的一瞬间因热而成赤热，发出白光。最内侧一层则完全是水蒸气，并没有光。

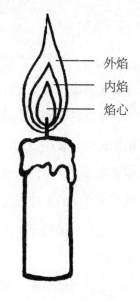

图 13　蜡烛的火焰

煤油灯的模样如图14，它是用液体的油类点燃的。以前多用植物油，如柏油、菜籽油之类，后来则都用煤油了。煤油亦可由碳、氢而成，其点燃的情形和蜡烛不同，所发之光来源于被热的碳粒。至于下面的灯罩，则是为了使空气供给能够丰富，并防止火焰被风吹动。

煤气灯所用的煤气成分也和石油相同，用以点灯者不使混合多量的空气而燃烧。若混合空气而后燃烧，则生多量之热，而光甚弱。若于白部加用纱罩，则因纱罩受热而白热，能发强光。纱罩是煤气灯上面的重要附件，用亚麻或人造丝编成网状，并在硝酸钍、硝酸锶溶液中浸制而成，遇热即发强光。

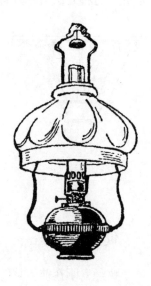

图 14　煤油灯

电灯

上面各种照光方法沿用颇久，但现在因为电气的知识十分发达，电灯遂急速进步，几乎没有一处不用电灯了。

电灯发明者，是美国的爱迪生。最初他用碳素线封入真空球中，而通电流加热，发生白光，名为白炽灯。后来爱迪生又将碳素线换成钨丝，光度更加增进。到后来更有人将气体封入球中，其光更强，这是电灯进步的情形。住宅的电灯照光，旧时分为三种。

一、直接照光，使光全部向下，比较经济，但有物体的影像，看上去不舒服。

二、间接照光，在光源下面设一个反射器，使光射向上方及墙壁，而利用其反光，可以免除投影的缺点，但需要强光，极不经济。

三、半间接照光，必用半透明的反射器，使光一半直射一半反射而成散光。这种方法当然具有上述二者的长处，同时亦具有二者的缺点。

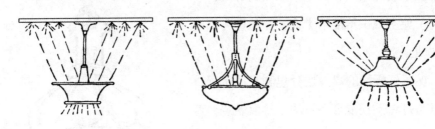

图 15　照光法三种

何谓"烛光"

蜡烛发明在前，其他灯火在后，所以量灯火之光，最初以"烛光"计，自属必然之理。如有比蜡烛光强 2 倍之光，就称 2 烛光。光之强与距离之平方为反比。例如以电灯与蜡烛同时照射一物，使其投影于一直立之幕上，使影之浓淡相等。此时若量蜡烛距所照物的距离为 1 米，电灯距离为 4 米，则该电灯即为 16 烛光。我们在读书时所用的电灯，若距书物为 1 米，则至少须 50 烛光，才称适当。今天，我们已经不用"烛光"来表示灯泡的照明功率了，而以"瓦"代之，符号为 W。

家庭怎样取得热力

我们的家庭不能一天没有燃料。旧时燃料以柴和木炭为主。直接用柴作燃料，火力既不强，取用又不便，所以并不经济。后来在都市中，大体多用木炭或煤来代替。

木炭制造的原理，是用木料蒸烧起来，先筑炭窑，把木料适当切取，放入窑中，在窑口烧火，仅通少量的空气，不使木材中所含碳素完全烧尽。而使其余杂质全部烧去，名为碳化。碳化终结后，暂时开口而通空气，则木炭的表面即燃烧，窑内达 900 摄氏度的高温。以后渐渐将剩余物取出窑外，用灰消火，就成白炭。

煤与木炭，初想似乎完全是两种东西，但实际上煤仍是树木的变化。原来古代的气候比现在温暖，空气中含有很多的碳酸气和水分，植物的养料极为丰富，所以成长极速、繁殖极茂。此种植物干枯之后深陷泥水中，其所含氢氧二者，逐渐散失，仅存碳素，这就是泥炭。及后积聚越多，地层加厚，因上层的压力使下层紧密，这就是褐色煤。密化更进，则成烟煤，已含有碳素 82%。至于白煤，则 94% 为碳素，燃时几无烟熏，火力甚强，唯在低温时不易着火。

煤之燃烧，须有适当的温度，通常先以纸引火，然后继以木柴等易燃之物，等有适当热度，煤始燃烧。燃烧之后灰烬必须设法除去，不要时可调节空气供给，使燃烧缓慢或熄灭。

煤油是什么

煤油亦即石油，为天然产物，由油矿中直接取得者称为原油，色黑而有臭气。加热而蒸馏，则因温度的高低，可得种种各异的油，如汽油。前者用以燃灯极为相宜，后者则用于汽车飞机等的发动机。

怎样保持室内的温度

室内的温度以 18℃ 至 22℃ 之间最为适宜。如天气转寒，自不能不设法以人工取暖。围炉取暖亦人生之一快事，但可惜所热者仅限于局部，不能遍及全室，实其缺点。

欲应用热力，不可不知热之传递性质。热以辐射、传导、对流三种方法而移动，今分述于下。

先说辐射。热与光线同样向四面放射。太阳之热，亦常向四面八方放射，所达于地球者，不过其一小部分。放射之热，称为热线，凡物能吸收热线者，其自身即热，地球上层无空气亦无他物，故不能吸引热线，温度甚低。空气亦不能多吸引热线，因热线能透过之。能吸收太阳放射之热线者为地面及地面上的各物。

物受热线以后，其自身亦起辐射，吸收速者放出亦速。土地吸热速，放热亦速。又据实验所知，凡物其色越黑，吸收越多。黑色之炉比全体镀镍之炉散热快。热水汀之黑者比白者易于散热。

其次是传导，即热自热的部分移向冷的部分。手执火箸，使其尖端入火中，则尖端先热，渐次传导，而及于手。手之觉热，也是由于火箸之热传至皮肤所致。欲使热传递，不可不使二者互相接触。

传热之良否，视物体而异，大概金属都善传热，称为良导体，瓦、石等次之，木料、棉布以及空气不易传热，亦称不良导体。知道了传热的传递性质，便知我们常用的近火器具，为什么要用木柄了。

其三是对流，这是在液体和气体中所发生的现象。受热的一部分自己发生运动，形成一种热流而使全部受热。室内的温暖以对流作用为多。

炭火之热和煤气之热

炭火多用辐射而取其热。用炭火热锅时，锅吸收炭火放射的热，若锅底是黑的，则吸收更良，温暖更易。

煤气之火焰辐射极少，必须使锅触于火焰，而由传导以取热，故接触必求良好。

火炉

火炉最重要的部分为通风口，这是供给空气的，调节空气进入之量，亦可调节火炉的热力。

多数火炉于其外部有金属板四面包围，使冷空气由下方流入，在其中间受热以后，因轻而上升，复以对流作用扩大于全室。

暖房法种种

一、热空气温暖全室的方法

其炉子置于地下，空气必须十分充足，全室上部之窗须略加开启，使新鲜空气能从下方流入。且又必须常置水盆供给湿气，否则会过于干燥。

二、热水暖房装置

即是用热水温室之方法，与上法同，利用空气的对流。其热水装置则置于地下，热水由沸腾器的上部，借管子通于各室之散热器，冷后复归于沸腾器，故水可以往复使用，无须常换。

此式因为没有换气的装置，所以须加注意，有在放热器后方特辟通风口者，或于放热器之上特备水皿，或置羊齿类之植物亦可。此外应注意者则为水热则涨，如不另设一个蓄水器，则有爆炸之虞，同时蓄水器与放热器中之水，切不可使其冰冻。

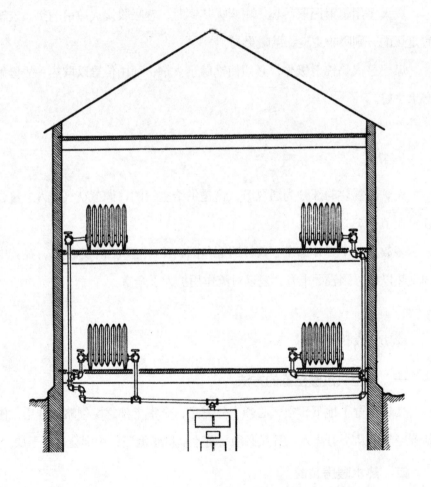

图 16　常见的暖气系统

三、蒸汽暖房

此与热水汀虽极相似，但原理全然不同。沸水器亦置于地下室，前所述用沸水者，今则易之以水蒸气。蒸汽借压力而送至各室内放热器，在其中因冷而复凝为水。在其凝结时，乃放出一定的热量。而以辐射对流使全室温暖。

凝结之水，体积大减，故蒸汽不绝输入，而水则复归于沸腾器，此法亦应有换气及补给湿气的设备。其较热水暖房便利之点，是热水不能输送过远，过远则冷。而蒸汽则能送至较远，不致立即减低至凝结成水之温度。故只要有一个装置，便可供给数宅之用。

四、煤气炉

煤气燃烧时，若空气充足则发生青焰，温度极高。但其辐射甚小，故欲取暖，必须有耐高热的物体如素烧陶管入其焰中，先由传导而使陶管赤热，更自陶管得辐射热而扩散至全室。

煮物不需要过分的高热

今试以两个同样大的锅，各盛水约及 $\frac{3}{4}$ 的容积，同以煤气灶燃烧，各锅又各盛番薯一枚，约 3 立方厘米大小，在任何一方开始沸腾后，一则加强火力，一则减少火力，使其仅仅维持沸腾，每锅两三分钟，以箸试番薯是否已熟，你必以为火力强的必定先熟，实际上则不然，乃同时煮熟的。由此实验，可知液体在沸腾以后，纵将火力减弱，也能和强火一样煮熟食物。这于使用煤气做燃料的家庭是很值得注意的。

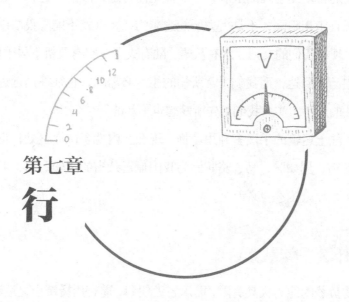

第七章

行

为什么要有运输

人类的行动受生理的限制，不能负重而行远，即能行远，其速度也很低小，况且山川阻隔，不是人力所能逾越的，所以就不能不设法以求运输的便利。现在我们的交通，水有汽船、陆有火车、空有飞机，虽千里之遥，数小时内已可到达，而我们日常所用的生活必需品，也往往由远道而来，运输方法的进步，实为我们祖先所梦想也不及的。

古人陆上运输的手段多利用动物，现在在内地多山岭之处，也有很多地方用动物。例如驴、马、骆驼尚为我国偏远几省的运输利器，而运输之不便，实为文化缓进的原因之一。

为什么车能载重

动物负载的能力极其有限，而求省力便利，遂有用橇牵引之运输方法，但后来又觉地上牵引还甚费力，遂有车的发明。车的构造，最初是利用整段的圆木，其后渐进步而有二轮车、四轮车。轮之结合，最初直接连于车身，直至 200 年前，始于车轮车身之间放置弹簧。而牵引车身之原动力，最初还用动物，后来则有蒸汽机关、内燃机关、电气机械等，无论速度、安全度及载重量，均有日进月增之势。

为什么用车轮能够减省人力呢？这是由于减少摩擦力的效果。譬如我们欲推动桌、椅，觉有一种阻力，这就是摩擦力，摩擦力视二物体接触表

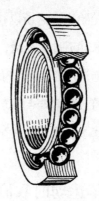

图 17　钢珠轴承

面的粗滑而异。若接触面小而平滑，则摩擦力亦小。板上加油或涂蜡，则板易于滑动，滑雪或滑冰之所以有趣，亦因其与地面摩擦力很小。我们欲在地面牵引重物，常填入圆棒而使圆棒转动，这也是减少重物与地之接触面。车轮就是应用这个原理的。虽轮辋与轴承之间仍不免有摩擦力存在，但若添加油类，则其间平滑，车轮之转动极易。现在则往往于轮之轴承中加入钢铁小球则更能减少摩擦表面，使运动更易。摩擦力减少，就能使重物易于运行，这就是车轮的效果。

摩擦力可以不要吗

看了上述车轮之理，诸位或者要以为摩擦力是有害而无利的，其实不然。如果木与木、石与石间没有摩擦力，那么辛苦建筑的房屋，只要稍微一推或被风一吹，便会倒塌；火柴没有办法使用；人们的行路反而要千难万难——因为那时走路固然不必费力，但因太滑之故容易倾跌。雪地行路之难是任何人都能体验得到的。不但如此，没有摩擦力，车轮只能空转而不能前进，汽车、火车、电车都无法开动了。

汽车与脚踏车之所以能前进，因其轮胎对地面有摩擦力之故，车身始能前进。车轮轮胎表面之所以往往划有线条，就是为增加摩擦力。同样道路表面，亦常求其不过于光滑，也是为此。

汽车和脚踏车中都有所谓刹车，反是利用摩擦力而阻止车的前进。在车行时，不使特设的刹车与车轮相切，若欲其突然停止时，只须将刹车一握，则刹车的塞子便紧紧贴住车轮，车轮的摩擦力大增，转动立止。

为什么车运动时我们的身体常会前俯后仰

当车由静止突然转为运动时，我们坐在车内的人会不自觉地后仰。反之车由运动突然转为停止时，会不自觉地前俯，这是什么原因呢？这是由于惯性的作用。

原来静止的物体常有静止之势，欲其运动，必须加以外力；反之运动之物体，常有继续运动之势，欲其静止，亦必须加以外力。车停止中，人亦在停止中。但若车突然开动则人身之下半突然被拉拽而前进，头则因其惯性之故仍在停止状态中，故向后仰。反之由运动突然转为停止，身体亦突然被阻止前进，而头则因惯性之故，尚在前进之中，故向前俯。

船和飞机为何能够航行

人以力推物，物体亦似有力以推人，其力与人所用的力相等，方向相反。若物体不动，则人将反被推而离远。船在水中进行，飞机在空气进行，都是利用这个反力。船之以桨划水，水起反力，而使船向前进。汽船则以螺旋之回转把水压向后方，水便推船前进。飞机以推进机把空气压向后方，空气亦推飞机向前进。同时因为飞机的机翼压下方的空气，下方的空气便把飞机推向上升。飞机便是这样飞翔的。

水与运输

人类利用水来运输已经有数千年的历史了，但水何以能使船浮呢？凡物比水轻者必浮，比水重者必沉，这是大家都知道的。但实际上我们应该这样说：凡是物体与水同体积而比水轻者浮，比水重者沉。

如图 18，以正一方体沉于水中，则物体之上即受上方的压力。若由水面至物体表面的深为 20 厘米，则每平方厘米其重为 20 克，若物体上方表面积为 10 平方厘米，则即受 200 克的重量。但同时物体的下面亦受水竖直向上的托力，亦即浮力，浮力之大，以自物体下面至液体表面的深而定。此深度若为 30 厘米，则每平方厘米为 300 克，而全面即受 300 克的压力。换句话说，上面的压力等于物体上面的水柱 C' 的重，而下面的浮力等于水柱 C 的重。

凡物体的重，比水的浮力大的物体仍沉下，与浮力相等的不沉亦不浮，到处都能停止，若重量比浮力小，则物体浮于水面，仅有一部分沉入水中，至物体重量与浮力同等时亦行静止。茶碗

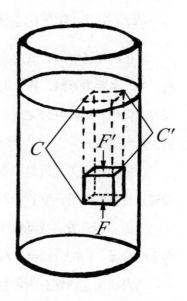

图 18　浮力的实验

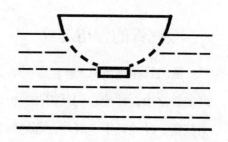

图 19　茶碗浮于水面

之所以能浮于水面、船之所以能浮于水中，就是因为二者入水以后把水排除，其所排除之水比茶碗与船的本身为重，故能上浮。

潜水艇是能在水中行走的军用武器，中有气室。气室充水，则潜水艇沉入水中，且能在水中潜行。其气室的作用如鱼类有鱼鳔。

蒸汽机关的作用怎样

现在的交通利器，陆为火车，水为轮船，而此二者的主要机关便是蒸汽机关。水变为蒸汽，其体积常增至 1600 倍以上，若使蒸汽闭锁于一个坚固的汽筒内，则其向外之压力实异常巨大，利用这个压力以转动轮轴，就名为蒸汽机关。

今日蒸汽机关之最简单者，生火之处在汽锅的后方，其所生之热气与烟通过许多的细管而穿行于汽锅，水为许多细管所热，成为蒸汽，积于汽锅的上部。若驾驶者拨动机关，则汽锅上部之活塞开启，蒸汽便得由大管而入配分器，由配分器再入汽筒而推动活塞。

蒸汽机关之汽锅分为两种，凡以管入水中，而于管中通烟与热气而使水沸者，称为烟管式。反之，在火焰中置通水之管而热水者称为水管式。水管式加热较速，故轮船军舰多用之。

蒸汽管的作用怎样

蒸汽管和蒸汽机关构造不同，是利用蒸汽的进出，使蒸汽穿行于许多弯曲管之中，并使它们互相冲突而以其力回转轮轴。该蒸汽自管而出，其力甚猛，冲动轮上之翼片，则轮回转，其大者，特设更多之叶管，使蒸汽穿行更紧密、冲突更猛烈，则力亦越大。此项蒸汽管回转极为平稳，速度又快，最初虽仅用于发电机，后来大轮船及军舰也广泛采用了。

什么叫内燃机关

我们知道火药能够爆炸，其威力甚大，应用这个原理于发动机关，名为内燃机关。内燃机关所用燃料凡煤气及汽油均可。汽油须先在内部加热，转为气体后使之爆发。解释这个机关，须分四步。

一、吸入作用。将气体与空气混合使其进入圆筒之内。

二、压缩作用。把混合之气体压缩至极小容积。

三、爆发作用。利用电气火花使气体与空气之混合物爆发，借其膨胀之力推动活塞。

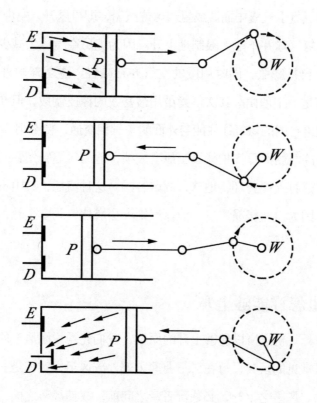

图 20　内燃机关的运作过程

四、推出作用。除去燃烧后之废物，并预备下一次的作用。

这四种过程，在内燃机关运作中不绝地进行，同时电气火花亦按一定的时刻点燃。因为每两次回转才有一次爆发，故欲使回转平稳，常须有较大的飞轮。此外，又因圆筒极易发热，又必须设法使之冷却，所以有水冷式与空冷式之分。

氢气球怎样上升

和物体在水中的情形一样，凡与空气同体积而比空气轻的物体，也能上升于空中。同体积的氢气与氧气，氢气的质量仅为氧气质量的 $\frac{1}{16}$，所以若充满氢气于气囊中而做成氢气球或汽船，即可以升入空中。

不过氢气球并不能无限制地上升。因为上层空气压力减少，球升至相当高度，自行膨胀，同时周围的空气亦自减轻，遂至球内外的重量完全相等，这是一个理由。其次气囊虽用最密致的橡皮制成，但亦有极微细的孔隙，因之在内的氢气往往能与外面的空气相交通，使重相等而不复升。

载人的汽船要算齐柏林飞艇最有成绩，他的气囊特用铝制的骨架，以防变形。这种飞艇曾环绕地球，周游各国。这种汽船，其中不用氢气而改用氦气。因为氢气极易爆发，而氦气则不会燃烧，为安全计，自非用氦气不可了。

飞机怎样能够上升

要解释飞机之所以能够上升的原理，我们先得说明风筝的作用。风筝是一种最常见的玩具，每在二三月间去郊外放风筝，实在是一种极有益的户外运动。风筝之上升，必须玩者牵之向前，或使风筝之面与地面形成斜面而当强风。

如图 21，以 A、B 为横剖面的风筝，使之面风。风向如箭头所示，则风之大部分即在风筝下面进行（虽上部亦有吹过，但十分稀少）。面之上下压力不均，风筝自向上升。飞机就是应用这个原理而制造的。

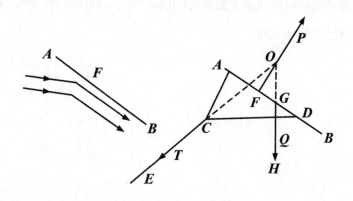

图 21　风筝升空的原理

从前，人类梦想飞行的方法，因鉴于鸟类飞翔，常思仿效，然而终归失败。这个原理，是因为鸟类具有特殊的身体构造，能鼓动其翼，而人类不能。及至内燃机关发明，重于空气的飞机才于 1903 年由美国的莱特兄弟发明。

飞机之所以能飞翔于空中，全仗其牵拉前进的推进机。推进机的构造，正如儿童所玩的竹蜻蜓，把竹片削成上下相等、方向相反的两个斜面，于中心贯一根竹棒，而用力旋之，则竹蜻蜓便扶摇直上。这个原理是当旋转时，竹蜻蜓因成斜面推动空气，而空气则以其反作用力反拨竹蜻蜓，遂使竹蜻蜓上升。同样若斜向旋动，则亦斜向而上。推进机的制法完全和竹蜻蜓相似，故若设法使之旋转，则亦能反拨空气而自行前进。

既有前进之力，则若于后方附加机翼，使成斜面，翼便受下方空气压力而自行升起。其情形宛如拉风筝之线迅速前进则风筝上升是一样的道理。

　　早期的飞机，形状有类似蜻蜓模样，翼向前进，则在翼面之下空气异常紧密，在上方者则极疏稀，上下压力不同，翼乃受压而上升。如于其后方设水平舵与垂直之方向舵，则可以自由操纵而飞翔于空中。

　　转动推进机的机械便是上面所述的内燃机关。假使没有内燃机关的发明，飞机也是无从发明的。

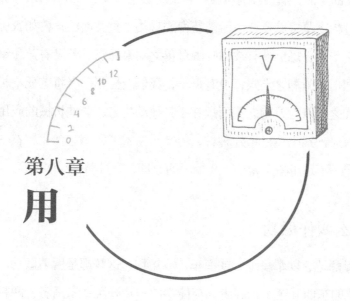

第八章

用

机械对于人类有什么帮助

人类的生活，假使没有机械的帮助将会怎样呢？譬如食物，所能得者，怕只不过树皮草根以及徒手所能获得的鸟类、鱼类而已；譬如衣服，怎能有今日之华丽，恐仍唯有披树叶围鸟兽之羽毛而已。若没有斧和锯，我们不能不屈居于山洞之土穴；没有舟车，我们居住稍远者将老死不相往来。所以人类之所以为万物之灵而远胜于其他动物者，全仗机械的应用。所谓机械，一般都指比较复杂的种种，但实际上木工所用之斧凿、农夫所用的犁锄，无一不是机械，无一不合物理的原理，不过稍简单些罢了。

什么叫作做功

以锄翻地、以犁耕地，或挽车、或捐物，这些都是所谓做功。凡能举1公斤重的东西升至 1 米高者，与能举同一物升至 2 米高者，两相比较，则后者做功多。凡做功之量视力之大小及物体在力的方向上所动距离之大小为比例，力与距离是做功所必须的要素。

扛物而立，不能说其人正在做功，何则？因为他不曾把物体移动。使三人同擎一物，若一人仅抚手而不用力，也不能说他是在做功。但对于他自己的身体，则可以说做功。因为他的身体是反对重力而支持的。同样，凡步行、飞行、登山等，都是对于自身的做功。

工作需要能量

在深山迷路，数日不得食，则其人不再能行走，为什么呢？因为他缺乏食物，没有步行所必要的能量了。患病后不能高声呼喊、不能迅速行走，因为其人的能量，用在补足病中所损失的细胞去了。

我们虽在睡眠之中，身体还是在做功，试举一例，心脏之送血液于血管是昼夜不停的。这固然是对自己的工作，但对外如果运用机械制作工事，每天也往往有 8 小时的工作，所以也需要能量，因之我们不能不有食物供给时时刻刻在消耗能量。

我们能利用动物如牛马以运用机械，我们又能利用自然界的水、风、热的能以运转机械，这是人类的进步之处。

我们干活为什么觉得费力

我们在工作时最感困难者，便是对于我们的用力常常会遇到阻力，阻力就是因地心引力而起的重力，和前章已经说过的摩擦力和物体的惯性有关。

物之有重，由于地心引力常吸引之向下之故。人欲举物，自不能不加力，使其反地心引力的方向而动。所谓做功即指所加于物体之力和在此力的方向上所动距离之乘积。例如炮弹之射出，论其做功，即为炮身内火药之力和炮身之长的乘积。

机械是怎样组成的

我们所使用的机械种类很多，但仔细推究，只不过两种简单机械，一为杠杆，一为斜面。

杠杆只是一根棒在某一点的周围回转，利用它可以使人力所不能动的物体举起或移动。支棒的一点称为支点；一端加力，所加的点，称为动力作用点；他端举重，重力所在的点称为阻力作用点。凡用杠杆其所加的力（即动力）与力点至支点距离（即动力臂）的乘积，恒等于物重（即阻力）和重点至支点距离（即阻力臂）的乘积，这就是杠杆的法则。

图 22　杠杆之一

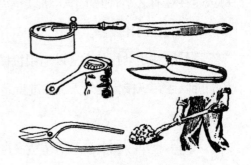

图 23　常见的各种杠杆

杠杆有三种：第一种杠杆支点在动力作用点和阻力作用点之间，家庭中这种杠杆很多，钢丝钳就是两种杠杆所合成。第二种杠杆则阻力作用点在支点和动力作用点之间，所用之力常比物重小，啤酒开瓶器便属于此种。第三种杠杆则动力作用点在支点与阻力作用点之间。此种杠杆力与支点的距离较短，所以用力常比物重大。筷子便属于这种杠杆。

斜面的便利，在于能以较小的力移动较长的距离，同时不能举起的重物可以沿斜面而上。设有 100 公斤的重物，而欲举至 1 米的高，为人力所不及；若借 4 米长的板铺成斜面，减少其摩擦力，则用 25 公斤力即可推之使上。斜面的法则，是力和斜面长的乘积等于重力和斜面高的乘积，故斜面越长，则用力越少。登山之路，之所以必须弯曲，便是此理。

沿斜面而下的力常比较小，故物体沿斜面而下不致破坏。火灾的时候，由窗斜展布匹至于地则可以作为逃生装置。

从杠杆和斜面转变而来的简单机械

由杠杆转变而来的简单机械有轮轴和滑轮，由斜面转变而来的简单机械有尖劈和螺旋。此四者连同原来的杠杆、斜面，共为六种简单机械。由此六者，参插利用，便形成种种复杂机械。

轮轴实为杠杆之变形。轮之半径越大，则用力可以越小。轮船上之绞车，亦为轮轴之一种，亦即杠杆之作用。

滑轮分为定滑轮与动滑轮，定滑轮常用以汲井水。使用定滑轮不能省力，但可以改变力的方向。而使用动滑轮则可省力一半，但是会延长距离，且不能改变力的方向。若将多数动滑轮与定滑轮组合，则用力尤省。

尖劈即斜面之变形，越尖利则入木越易。

螺旋亦不啻一斜面之变形。试以正三角形之纸卷于铅笔之外面，即纸

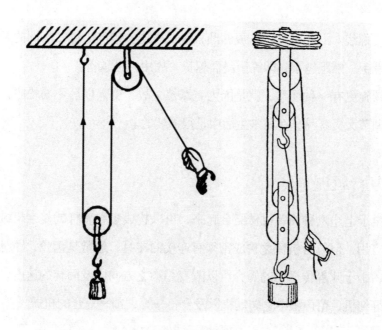

图 24　滑轮

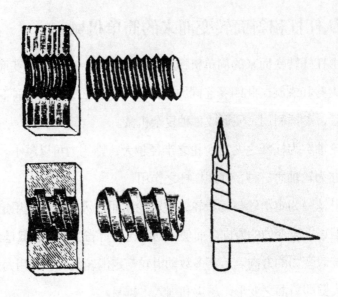

图 25　螺旋

边形成螺线。沿此螺线而作成凹凸，便成螺旋。螺旋上每二沟间的距离，称为螺距。螺距越小，即等于斜面越长，故用力可越省。

　　螺旋更有一种便益，就是因为有摩擦之故，旋入以后不易松脱，且极小之调节又极容易，在日常生活中是很需要的。

复合机械

　　由于上述六种简单机械组合起来，可以构成多种多样的复杂机械，作各种应用，但复合机械之构成常须有连接的器具，通常是齿轮、锁链及皮带等，由于此等传送物的媒介可以改变用力之方向以及回转的速度。起重机、缝纫机、留声机中之转动机以及自行车等，都是复合的机械。

自然力的利用——风车和水车

风车是利用风力的，后面装舵，常使翼面向风，可用以汲水磨粉。

水车在乡间到处可见。即利用高处之水流向低处之重力压力，其形态不止一种。如图 26 所示，均为水车之装置方法。

今日大发电厂多用水力发电，而所用水车采用水管式，和蒸汽管式之利用蒸汽相同。即以多数之固定板倾斜配置，一方则更以多数斜板制成水轮，使水由内部流通，因其冲突而使轮回转。

图 26　水车

何谓马力

能使 1 千克的重物上升 1 米，称为 1 工作单位。但我们所要求者，是短时间内能有较大的工作能率，每秒所能做的工作称为功率。1 秒内完成 75 千克力／米的功，即称为 1 马力。凡机械原动力之马力越大，越有价值。

什么叫作能

凡物质皆有"三态"，即固态、气态和液态。此种物质发生变化，而变换其形态位置之时，必关系于某种形式之能。

所谓能就是做功的能力之意。做功不限于人类，连自然界的做功也包含在内。物之运动并非物质，而为"能"之一种形态。同样热、光，以至电气，也不是物质而都是能的形态。

人类利用动物如牛马以做功，利用自然力以做功，因为动物和自然界的风和水都储有能。植物亦有能，其根能使土松动，极大之山岩有时会被植物之根分裂为二。

凡物以其运动而得做功能力者，称为动能。

高处之水，动则能为做功；时计中之弹簧，当其解散时能回转机械；高置之物体一旦落下，可以伤人……凡此种种，在未运动以前，已以其位置而储能，称为势能。

热能使水化气，水蒸气能起种种工作，光能助生物之生长，故热与光都是能之一种形态。

凡自然界之能，就是以上述种种的形态存在于世间。我们欲发生电气，常用水力，即利用水之动能。或用火力，即利用其化学的能。而电能可以变热变光，也可以说转变为热能、光能。举锤击物，举起时锤有位能，击下时，更加以动能。于是发声有热，或物体移动碎裂，乃变为别种形态的能了。

总之物体能变化其形态，同样能亦能变化其形态。物质不能无中生有，能亦不能无中生有。能之变为工作，必先有他种形态之能存在。譬如，水流若止，火力发电厂之火忽熄，则电气即无从发生。不但如此，便是发生的电气之量，也是要看水和煤中所储有的能量而定的。

物质不灭，不过变其形态；水之蒸发，水实未尝消失，不过化气而已；蜡烛之燃烧尽，原有之物质实未尝缺少，不过变成他物而已。能也是这样，只有变动而不会消失。蒸汽机关所用之煤，其实际所利用者只不过全体能量的百分之十几，其他百分之八十余常由烟囱及机关之周围变为热能而逸去。电灯之光，只不过利用发电厂中所用少量煤之能，余亦皆变为热能而逸去。但是被利用之能和逸去之能合计起来，还是等于最初含有的能量。就整个宇宙来说，今日所有的能和昨日以前所有之能一样，即在将来也是同等的。

能是从哪里来的

能不能无中生有。流水、煤、炭、树木、食物等，它们所含有的能，当然也是从别处得来的。流水的能来源于它的位置，但它怎样获得位能呢？自然是因为太阳把地上之水蒸晒上去，称为水蒸气，再由水蒸气成为液体或固体向下降。因复归于地面，其大部分变成流水，成为我们利用的原动力。

太阳对于植物的成长又有重要的关系。我们的食物和燃料的一切都是直接或间接从植物而来。所以燃料和食物的能，常被称作"罐头日光"，而流水的能，常被称为"白煤"。我们人类的一切行动只不过是日光的变形而已。

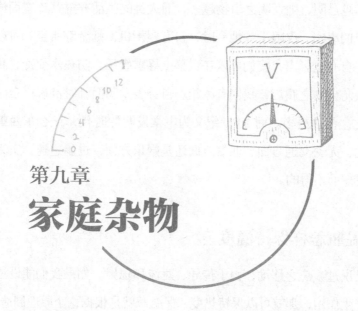

第九章
家庭杂物

日日新的器物

科学越昌明，则发明之事物越多，而人类的生活亦愈益丰富而愉快。我们所见的事物，仅限于一地一时，自有照相机，则游踪所至，可以留影于永远；自有电影出，我们可以在银幕上寻求娱乐。防热水变冷，我们有热水瓶；防食物之腐烂，我们有冰箱。自钟表发明而计时准确；自印刷发明而文化之传达更多。而20世纪又为电学发明的时代，什么东西都可以假借电力，无论交通方面、通信方面还是娱乐方面，进步之速，实为我们祖先所梦想而不得的。

保温瓶怎样保持温度

前已说过，热之移动，由于传导、对流和辐射。如果我们能设法使此三者不产生作用，那就可以保持热度，保温瓶就是根据这个原理制造的。

保温瓶之构造，是有内外双重玻璃的玻璃瓶。中间排除空气涂以银漆。保温瓶最初仅为储藏液态的气体，现在则为家家之必需品，其原理是利用双重玻璃间的真空不产生对流。且玻璃为热之不良导体，故无传导，又因为内涂银漆，则其空中难有辐射，仍被反射进去，因之内部之热很不容易传至外部，故内储热水，可以经过十余小时而不冷。同样，外部之热不能入内，故内储冷物亦不致受热了。

旧式冰箱的原理

冰箱亦和保温瓶原理相同，目的在于拒绝外部热力的侵入。原始的冰箱以双重金属板制成，中入石棉及沙石等不良导体，外部更围以木。通常设有二门，上方藏冰块，下方藏置食物。空气触冰则受冷而收缩，收缩则增重，乃降至下方，从食物中夺热，热则又上升，再触冰块而复下降，循环不已，食物通常保持其冷度而不致腐败。其之所以用双重壁而入石棉等物，就是防止外来的热度进入，同时不使空气自由流动，热之侵入机会亦自减少了。

凹透镜与凸透镜的利用

我们已经知道，光线透过物体常起曲折。设以玻璃或水晶等透明物质，将其一面磨成球面，一面或磨平，或亦成球面，称为透镜。在其二球面的中心作一条直线，称为透镜之轴。透镜有凹凸两种，中间厚而旁边薄者，称为凸透镜，中间薄而旁边厚者称为凹透镜。如图27，将凸透镜之轴，正对太阳，则太阳光即透过而在其后方集于一点，圆而光亮。在此点上，置有黑色的布或纸，即能引火，这个点称为焦点。自透镜至焦点的距离，称为焦点距离。圆而亮的一点是什么呢？试将透镜遮蔽一半，其形状仍然不变。原来这个点并不是透镜的形状，而是太阳的影像。透镜的直径越大，则其像越明，小则像暗。不但是太阳，凡任何物体置

图27 利用放大镜点燃纸张

向透镜，亦能生像。像的位置与大小，视物体与透镜的距离而定。凡物体位置近于透镜，则像远，远于透镜，则像近。

凡隔凸透镜而观物，若置眼于焦点，则物体之形象扩大，隔凹透镜而观物，则物体之形象移近。故若以凸透镜构成适当之器械，则可以扩大物像，显微镜就是用这个原理造的。若以凸凹二镜为适当之组合，则既可将远之物体的形象移近，使其放大，那就是望远镜的原理了。

怎样矫正近视眼和老花眼

人眼（图28）实为最灵敏的摄影机。光由瞳孔而入，瞳孔能自行收缩或放大，以取得适当的光。瞳孔之前面有透明的角膜，其与瞳孔之间则有

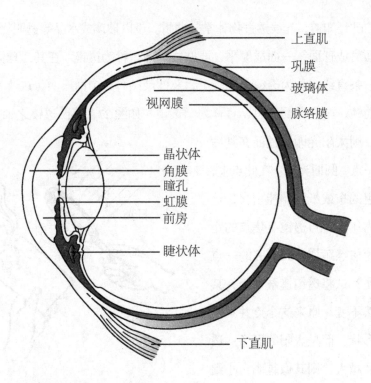

图 28　眼球剖面

液体填充其中。瞳孔之后为晶状体，其再后方则为玻璃体。

光由角膜球面而入，经晶状体而集合，使成像于视网膜之上。前房中的液体和玻璃体则司光之曲折。视网膜上有视神经分布，能感光而传于脑，遂起光之印象。

物体之距离不同，晶状体能自行收缩或膨胀，使所生之像仍在视网膜之上，名为眼的调节作用。但人一到老年则晶状体稍硬，不易膨胀，导致较近的物体反不易见，名为老花眼。

有所谓远视眼，则因其人眼底较浅。其像常生于视网膜后方，对于稍远的物体尚可以水晶体调节，但近处之物，则调节亦无效。故其情形犹如老花眼。

近视眼则反之，其人眼底较深，远方物体之像常生于视网膜前方，看上去极为模糊，但物体移近则看上去分明。

凡老花眼、远视眼、近视眼，皆可利用眼镜而为之补救。远视者用凸透镜，近视者用凹透镜。其能补救之理如图 29 所示。

眼镜的度数视焦点距离而定，焦点距离越短，则其度数越高。

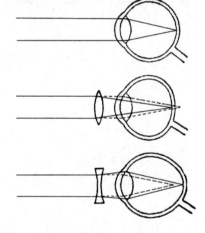

图 29　正常眼、远视眼和近视眼

实体镜

由一眼至物体之两端各作直线，两线所夹之角成为视角。大小之判断是由视角而定的。即同一距离时，视角大的物体必大。若距离不同，则不易判别，但赖其经验以补之。

以两眼同视一点而亦作二线，则夹成之角称为光角。物体越近，光角越大。判断物体之距离基于光角。双眼所视之像略有不同，左眼所视者偏左，右眼所视者偏右，二者合成才有实体和距离深浅之感。所以我们观看照片，如欲使其有实体之形，必须有不同之像而以凸镜调节合一，名为实体镜。

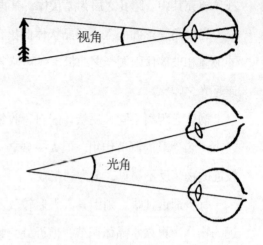

图 30　视角和光角

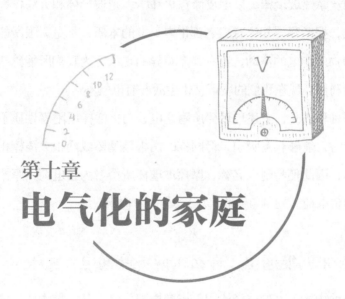

第十章

电气化的家庭

什么叫作电

以绢丝摩擦玻璃棒，以毛皮摩擦火漆棒，则玻璃棒和火漆棒都能吸引轻微之物，据考察得知这时二者都带电。电的本质，不是人眼所能看见，但带电的物质和电的流动，都有许多特异的现象，为我们所能感知，且可为我们所利用。现在我们的所谓文化生活非有电气不可。

又据种种实验，上述玻璃棒所附之电，与火漆棒所附者性质不同。即二者相合时，能够相互吸引，而同样的两根玻璃棒或两根火漆棒相遇时都互相排斥，因此便特附以名称，摩擦玻璃棒所得者为正电荷，摩擦火漆棒所得者为负电荷。同种电荷相排斥，异种电荷相吸引。

什么东西能通电，什么东西不能通电

某一种物体，例如玻璃棒用毛皮摩擦则生电，某一种物体，例如金属棒无论如何摩擦总不生电。但实际上并不是不生电，乃因金属能传电之故，摩擦所得的电向外逃去了。人体亦能传电，凡金属、木炭、酸类、动植物体都能导电，总名为导电体。金属棒所生之电，先由金属传于人体，由人体传于地。反之如火漆、胶板、玻璃、橡皮、绢丝等则不导电，名为绝缘体。空气亦为绝缘体之一。

雷电是怎样来的

试以带电的胶木板与被绝缘的金属球相触，则电即传至金属球上。若此时复以玻璃棒上的电与的相触，则金属球上的电立即消失，由于负电荷和正电荷的中和。不同属性的电荷中和时，常会发生火花和声音。

天空中的云常带电。云与云之电荷相中和，则发生火花，这就是电。其时所发之音，就是雷声。因为火花发生后，空气受热，迅速膨胀，犹如火药爆炸一般。而雷声之所以不绝者，则由于云与地面的反响。

有时电和地面之间亦有火花，名为落雷。可以损毁家屋、焚烧树木，为防避落雷，可于屋上最高点装设尖锐的金属棒，而以铜线使之通地，则地面之电集于尖端，与云中之电中和，可免落雷之害。

电用什么作为单位

电和水的性质有很多相似的地方，譬如水有压力，电亦有压力，称为电压。水之流动为水流，电之流动为电流。水在粗管或光滑之处流行比在细管和粗糙之处流行为易，因为摩擦力小。电流在导体中流动，亦有易、有不易。自来水管中水流之大小，要看源流之高和管之粗细、管里面是否光滑而定。同样电流之大小，也要看电压之高低和导电体之阻力如何而定。电压之单位为伏特，电阻之单位为欧姆，而电流之单位为安培。通过某段导体的电流的大小，与此段导体两端的电压成正比，与此段导体的电阻成反比，称为欧姆定律。

怎样能增加电压或电流

每节电压 1.5 伏特的干电池，可以用数个电池连接起来使之增加电压。以一个电池的正极连接其他电池的负极，则两个电池连接后两端之电压增

加，而为 3 伏特，3 个连接则为 4.5 伏特，余类推，名为串联。若正极与正极连，负极与负极连，则电压并不增加，但所需电流可以增加，名为并联。

直流和交流

电有两种，一是直流，二是交流。直流电流动的方向始终如一而不变换，交流电电流的方向以一定的周期而改易，忽由此而彼往，忽由彼而来此，每一秒往复之次数，称为周波数。通常我们所用的电灯电，就是交流，而干电池或直流发电机所生之电流则为直流电。

电气的重要性质

电流流动有一种极显著之现象，就是发生磁性。我们知道有一种天然矿物叫作天然磁石，能够吸引铁片。若以之做针，则常指南北，即所谓指南针，在我国古代即已发明了。但是很奇怪，就是电流流通于导线，也能发现磁性。不单如此，若以金属导体做成线圈，每圈互相绝缘。而后以磁石进出其中，则原来并无电流流通之导线，竟有电流，所以电和磁有密切的关系。电可以生磁，磁可以生电。由于前之发现，遂有电磁石、电铃、电报等之发明；由于后之发现，遂有感应电、发电机、电动机之发明。

不但如此，电流流通于阻力较大之导体，则发生极强之光或极大之热，电灯和电炉便是利用电流所生之光热的。

电熨斗和电炉

电熨斗是利用电热器制成的电器，试除去外面的铁盒，则见底部有几层云母，而云母板间则有电阻力很大的电线（为镍、铬、钢三者之合金），其阻力约大于铜线的 66 倍，但不易融，且不生锈。

电炉之构造亦用阻力线嵌烧于不易熔化之素烧承器中，通电流后发生之热向外放射。